LETTRE

DU

PROFESSEUR D'HISTOIRE NATURELLE

DES ANCIENNES ÉCOLES NORMALES,

À un Professeur d'Histoire naturelle d'une Ecole Centrale.

VOUS m'avez demandé mes conseils, mon cher confrère , sur l'enseignement de vos élèves : je ne sais si vous avez besoin de ceux que je vous envoie ; mais s'ils ne vous sont pas utiles, ils pourront servir à quelques-uns des élèves qui se destinent à être professeurs des écoles centrales.

1°. *Sur les différens âges des Elèves.*

Une école centrale est bien différente d'un collège distribué en plusieurs classes successives, où l'on faisoit entrer les écoliers qui se présentoient, suivant les connaissances qu'ils avoient acquises ; ils montoient chaque année d'une classe à une autre jusqu'à la fin de leurs études scolastiques. Au contraire , l'école centrale rçoit chaque année et tout-à-la-fois

A

des élèves âgés de douze ans ; le professeur d'histoire naturelle leur enseigne cette science, dans leur section, pendant deux années scolaires ; il aura donc des élèves qui commenceront leur première année et recevront leurs premières leçons d'histoire naturelle, tandis que les autres seront à leur seconde année, et auront déjà reçu la moitié de l'enseignement que l'on se propose de leur donner sur cette science. La même leçon ne pourroit pas convenir à tous ces élèves dans le même temps, si le cours n'étoit divisé en deux parties dont les leçons convinssent aux élèves de la seconde année comme à ceux de la première ; pour cet effet il faudroit que les deux parties du cours fussent, pour ainsi dire, indépendantes l'une de l'autre. Cela peut se faire en mettant les leçons sur les minéraux et sur les végétaux dans la première partie, les leçons sur les animaux dans la seconde ; et si le cours entier est composé de façon qu'il soit indifférent aux élèves, qui entreront chaque année, de commencer par l'une ou par l'autre de ces deux parties.

2°. *Sur les choses nécessaires pour les dé-monstrations des leçons d'histoire natu-relle.*

Les enfans, et même la plupart des gens qui se croient beaucoup plus raisonnables, pensent qu'on les instruira mieux avec des choses qui viennent de loin, qu'avec celles qui sont à leur portée ; c'est une erreur dont il faut les corriger. Il leur est plus utile de bien connoître les choses qui les entourent, afin qu'ils se procurent tout le bien qu'ils en peuvent tirer, ou qu'ils préviennent tout le mal qu'elles pourroient leur causer. Pour me faire mieux entendre, je vais donner ici un plan des premières leçons de chacune des deux années scolaires destinées à l'étude de l'histoire naturelle, quelle que soit la partie du cours que l'on doive traiter.

Supposons pour la première partie qui commence par la minéralogie, que l'école centrale soit située sur un terrain quartzeux ; le professeur consultera une distribution métho-dique des minéraux ; et il trouvera, à l'article des substances quartzeuses, le quartz opaque, le cristal-de-roche, le grès, le sable et toutes leurs variétés. Si quelqu'une de ces substances se rencontre sous les pieds du professeur, il aura matière à faire des leçons et à les démontrer, et le temps de tirer des cantons voisins d'autres substances quartzeuses.

Supposons au contraire que le terrain de l'école centrale ne soit pas quartzeux; il sera d'une autre nature, et fournira d'autres choses au professeur, comme les minéraux qui entrent dans la construction des bâtimens, ceux qui se trouvent dans les fouilles du terrain, ceux que les ravines ont mis à découvert, etc.

Il y a une autre ressource pour les professeurs des écoles centrales ; les officiers du département peuvent leur donner les moyens de se procurer des minéraux des carrières, des mines et autres fouilles qui se trouveront dans l'étendue de leur département, et dans les départemens les plus voisins. Les professeurs des écoles centrales peu éloignés les uns des autres , peuvent correspondre entr'eux pour se procurer mutuellement les minéraux qui se trouvent dans leurs départemens.

Voilà déjà un grand nombre de choses pour faire des leçons et des démonstrations, mais aussi une grande confusion. Comment y établir l'ordre méthodique si nécessaire dans l'enseignement de l'histoire naturelle ? Cela est très-facile. Lorsque vous aurez fait et démontré un certain nombre de leçons détachées les unes des autres ; prenez une division méthodique, rangez vos leçons et vos minéraux en suivant la même distribution, et vous aurez de l'ordre. Il restera beaucoup de lacunes ; vous les remplirez toutes, dans la suite, par des leçons. Il ne faut guère espérer que vous trouviez tous les minéraux qui vous manqueront : mais pour peu que vos élèves voyagent, ils pourront voir ailleurs ces minéraux.

Supposons à présent que les élèves qui entreront à l'école centrale, y arrivent dans l'année, où l'on traitera de la seconde partie du cours qui comprend les animaux ; l'étude des élèves ne sera pas plus difficile, que s'il s'agissait de la première partie : car j'ai déjà dit que le cours entier devoit être composé dans cette vue.

Le professeur peut commencer ses leçons par l'histoire du chien et du chat qu'il trouvera dans la maison : de tels sujets intéresseront beaucoup les élèves parce qu'ils leur seront très-familiers. Le professeur aura de quoi s'exercer en exposant les bonnes qualités du chien, ses rapports avec le loup, le renard et le chacal, ses variétés qui sont très-nombreuses, etc.

Le chat a aussi quelques bonnes qualités, quoiqu'il tienne à une famille d'un très-mauvais naturel : il y a beaucoup à dire sur le lion, le tigre, la panthère et beaucoup d'autres animaux carnassiers qui composent cette famille.

Après le chien et le chat, le professeur trouvera encore dans la maison la vache, le bœuf, le cheval, l'âne, les mulets. Quelle ample matière pour des leçons ! Les objets pour les démonstrations ne seront pas loin : s'il en manquoit quelques-uns, les figures gravées ou enluminées peuvent y suppléer ; c'est une grande ressource pour les démonstrations des êtres organisés.

Voici déjà de la confusion dans un petit nombre de leçons, que l'on a faites sur des animaux fissipédes, sur des animaux à pied fourchu, et sur les animaux solipédes ; cette confusion sera d'autant plus grande, que le professeur avancera plus loin dans son cours, principalement s'il mêle des animaux d'un ordre avec ceux d'un autre ordre, les qua-

drupèdes avec les oiseaux, les poissons, etc.
mais en les rapportant, conformément aux
divisions d'une méthode, il sera aussi aisé de
rétablir l'ordre, qu'il l'aura été à l'égard des
minéraux.

Ce moyen ne seroit guère praticable par
rapport aux végétaux : les professeurs d'histoire naturelle des écoles centrales ne pourraient pas se conformer à une distribution
méthodique des plantes, parce qu'elles sont
trop nombreuses ; il n'y a que les plantes
utiles, nuisibles ou agréables qui puissent
trouver place dans les leçons de botanique
des écoles centrales. Le professeur pourra ex-
poser les propriétés de ces plantes ; montrer
celles qui se trouveront dans le pays où il
sera ; indiquer quelques moyens de les reconnoître lors que les élèves voudront les voir sur
pied ; ou trouver leurs articles dans les livres
pour en tirer des connoissances plus éten-
dues.

Le professeur aura près de lui les plantes
des potagers et des vergers ; il n'ira pas loin
pour trouver celles que l'on cultive dans les
champs pour la nourriture des hommes, les
plantes qui servent d'aliment aux animaux
domestiques, et celles des forêts. Heureuse-

ment il y a peu de plantes nuisibles ; il faut les indiquer soigneusement pour que l'on puisse les éviter et les détruire. Enfin, les plantes d'agrément, qui servent à l'ornement des jardins, doivent avoir quelque part à l'attention des professeurs et des élèves : les botanistes regardent les fleurs doubles comme des monstres et les dédaignent ; cependant la rose à cent feuilles est un monstre fort attrayant par sa couleur, sa forme et son odeur : il est ridicule de mettre la science par-tout ; elle n'exclura jamais l'agrément ; quoique la belle rose double n'ait point de pistil ni d'étamines, elle sera toujours préférée à la fleur du rosier sauvage, lorsqu'il ne s'agira pas de caractères de nomenclature.

Voilà beaucoup de moyens pour avoir des sujets de leçons et des objets de démonstrations ; mais le temps destiné à l'étude de l'histoire naturelle dans les écoles centrales, a des limites bien étroites à proportion de l'étendue de cette science. On ne peut faire que 480 leçons en deux années scolaires, de dix mois chacune, à huit leçons par décade : ce sont 240 leçons pour ce qui a rapport aux animaux ; et autant pour les végétaux et pour les minéraux. Il me paroît qu'il pourroit y avoir

5o leçons pour les minéraux, et à-peu-près 200 pour les végétaux. (1)

3°. *Sur la manière de composer les leçons des écoles centrales.*

Les leçons des écoles centrales doivent être composées d'une manière très-différente de celles des écoles spéciales. Si l'on donnoit à un enfant de douze à quatorze ans des leçons qu'il ne pourroit pas comprendre, on le fatigueroit sans l'instruire, et on le dégoûteroit de l'étude : il faut donc nécessairement les tenir au-dessous des leçons des écoles spéciales. L'objet du professeur ne doit pas être de former des naturalistes ; mais seulement d'instruire ses élèves sur les productions de la nature les plus remarquables par l'utilité que l'on en peut tirer, par le mal que l'on en doit craindre, ou par l'agrément qu'elles peuvent procurer.

Il y a des professeurs d'écoles centrales qui

---

(1) Voyez le rapport fait par le C. Fourcroy, sur la résolution du 8 messidor an 4, relative au placement des écoles centrales. Il y a dans cet ouvrage intéressant de sages réflexions sur la manière de faire des leçons, et sur les choses nécessaires pour les démonstrations dans ces écoles.

se proposent de donner deux leçons chaque jour ; l'une pour les élèves , et l'autre pour des gens plus âgés qui pourroient venir à leur école. Si parmi ces gens plus âgés ; il s'en trouve qui n'aient acquis aucune connoissance; ils seront au nombre des élèves. S'il y a des gens instruits au point d'être naturalistes ; ils seront les compagnons d'étude du professeur ; les autres qui n'auront que des connoissances superficielles, seront des *amateurs* : ils ne sont plus des enfans , mais en fait de science on peut ne les regarder que comme des adoles-cens ; la plupart ne suivent pas le régime qui pourroit les faire parvenir à l'âge viril.

Je ne crois pas que l'on soit tenté de mettre en style oratoire des leçons pour des enfans ; mais je craindrois plutôt que l'on ne se lais-sât emporter par le style enflé et empoulé , et qu'on ne prît un mauvais ton de philosophie et de moralité, qu'on ne fît des allusions in-sipides ou forcées , que l'on n'employât de mauvais termes , ou que le style ne fut obs-cur, etc.

Le style oratoire n'est pas le plus com-mode pour les professeurs, ni le plus vrai pour l'instruction.

Le style enflé et empoulé exagère les choses et répugne au bon goût.

Le style chargé de réflexions, de philosophie, de morale et d'allusions a réussi à Fontenelle ; mais la plupart de ceux qui ont voulu imiter ce célèbre auteur, n'ont employé son style que sur un mauvais ton, qui ne peut que gâter le goût des jeunes gens.

Le style où l'on emploieroit des termes hors d'usage ou pris dans de fausses acceptions, apprendroit de mauvais mots aux enfans ou les jetteroit dans l'erreur.

Le style obscur des leçons embarrasseroit les élèves, les arrêteroit dans leurs études et les obligeroit à demander des explications au professeur.

Si , dans le cours d'une leçon, le professeur supprime quelques pensées intermédiaires ; il rompt le fil des idées et met son élève en défaut : s'il mêle des idées trop difficiles à comprendre , avec d'autres qui soient faciles ; il les brouille toutes dans l'esprit des élèves. Il faut donc que le professeur se suppose à la place de l'élève, et qu'il s'écoute parler dans cette position fictive, pour juger s'il comprendra bien, comme élève, le sens des expressions qui lui ont paru le

plus convenables comme professeur. Prenons
pour exemple la phrase suivante.

*Pour que vous entendiez ce que c'est que
l'histoire naturelle, il faut que vous sa-
chiez ce que signifient les mots histoire et
nature.*

Cette phrase me paroît claire et précise ;
cependant je crois qu'elle a besoin d'explication de la part du professeur pour des enfans de 12 ans : on pourroit l'expliquer dans
les termes suivans.

Une histoire est une narration de choses
qui méritent d'être retenues. Pour avoir une
idée de la nature, il faut remonter à l'Être
suprême, dont elle exécute les loix par ses
productions ; ainsi l'histoire naturelle est
l'histoire des productions de la nature.

Au moyen de cette explication l'enfant en-
tendra mieux ce que signifient les deux mots
histoire naturelle. Il faut que le professeur
ait continuellement l'attention de faciliter
l'intelligence de ses leçons, afin qu'elles pro-
fitent à l'aide des explications : cet exercice
ne sera pas moins profitable au professeur
qu'aux élèves ; il prendra l'habitude de parler
et d'écrire avec clarté et précision.

4°. *Sur la Cristallisation.*

Les cristaux sont les seuls minéraux qui aient une figure régulière, composée de faces et d'arêtes formant des angles : il semble qu'ils soient façonnés de main d'homme : les élèves les remarqueront bientôt ; ils demanderont qui les a travaillés. Le professeur ne pourra pas faire entendre à des enfans de 12 ans la théorie de la crystallisation ; peut-être que sur la fin de leur 14e année, quelques-uns pourraient l'entendre. Il faudra donc à mesure que les cristaux se présenteront aux élèves, se contenter de décrire leurs figures par leurs faces, leurs prismes, leurs pyramides, et les prévenir sur les différences de l'ouverture, des angles, et les variétés auxquelles les cristaux ne sont que trop sujets.

Cette variété de figures est infinie ; le C. Haüy a calculé jusqu'à huit millions de figures différentes pour le spath calcaire. Que faire d'une si grande multitude de figures ? Les cristaux ne seroient pas assez grands pour y assigner des différences sensibles ; heureusement tous les cristaux n'ont pas encore été apperçus dans la nature ; on n'en est encore qu'au quarante-septième, que le C. Tonnelier a trouvé depuis peu (1). Si les figures des cristaux étoient constantes, au moins pour le nombre des faces, elles feroient de bons caractères distinctifs ; mais avec toutes ses variétés ce caractère ne vaut pas mieux que d'autres pour la pratique.

D'ailleurs les cristaux sont rares dans bien des sortes de minéraux, et sont rarement complets ; il est difficile de les reconnoître dans les cristallisations incomplettes ou confuses. La vérification des angles demande une précision dont tout le monde n'est pas capable ; il y a encore moins de gens qui puissent mettre à découvert les noyaux des cristaux, etc. Cependant les élèves quoiqu'enfans profiteront de ce qui peut se retenir de mémoire. Il sera bien plus difficile de faire entendre la formation et la structure des cristaux aux élèves, quoiqu'à l'âge de 14 ans : la plupart des naturalistes ne comprennent pas sans peine cette merveilleuse opération de la nature ; je l'ai éprouvé par moi-même. Je ne sais s'il ne seroit pas possible de rendre les descriptions de la structure des cristaux plus intelligibles,

____

(1) Journal des Mines, N°. XIV, page 16.

quoïqu'on y ait déjà mis beaucoup de sagacité et d'industrie.

Le gouvernement procurera aux écoles centrales des modèles de cristaux ; ils seront d'un grand secours par leur grandeur qui rendra toutes leurs parties plus apparentes, et par la représentation des cristaux que l'on ne pourra avoir en nature. L'auteur de *la théorie de la cristallisation* (1) a fait une *exposition abrégée* (2) de son ouvrage qui m'a paru encore trop étendue pour des leçons dans des cours : j'en ai fait un second *abrégé* que j'ai donné à l'école normale (3) pour faciliter les études des élèves : j'en ai eu plusieurs à mes cours d'élémens d'histoire naturelle et de minéralogie, qui ont très-bien entendu la structure des cristaux, au point de l'imiter dans des modèles.

Il est à désirer, pour les élèves des écoles centrales, qu'ils aient au moins quelque connoissance de la formation et de la structure

---

(1) Essai d'une Théorie sur la structure des cristaux, etc. 1 vol. in-8°, Paris 1784.

(2) Exposition abrégée de la théorie de la structure des cristaux, brochure in-8°. Paris 1792.

(3) Séances des écoles normales, 1re partie, tome 3. Abrégé de la théorie des cristaux, pages 128 et suivantes.

des cristaux, avant de passer à d'autres études.
S'ils ne suivoient pas celle de l'histoire naturelle aux écoles spéciales, ils ne connoîtroient
jamais une des plus belles opérations de la
nature.

5°. *Sur la manière de donner des leçons.*

Le professeur peut les improviser ou les
écrire ; s'il les a écrites, il peut les réciter de
mémoire ou les lire. Je crois que le professeur
qui se contenteroit de faire des leçons im-
provisées s'exposeroit à substituer aux mots
propres des expressions prises dans d'autres
acceptions : ce seroit tromper les élèves en
leur donnant de fausses notions. Le professeur
courroit risque de faire des écarts qui rom-
proient le fil de son discours et qui déroute-
roient les élèves, etc. ; il est plus sûr et plus
sage d'écrire les leçons.

Mais vaut-il mieux réciter de mémoire les
leçons écrites que d'en faire la lecture ?

Pour répondre à cette question, il faut exa-
miner en quelle assiette est l'esprit des élèves
lorsqu'ils entendent une leçon composée en
style oratoire et récitée par un professeur élo-
quent, ou une leçon composée en style simple
et lue tout uniment. Dans le premier cas, les

charmes

charmes de l'éloquence s'emparent de l'esprit
des élèves ; l'attention qu'ils devroient donner
à leur instruction est suspendue par le plaisir
que leur donne l'harmonie du style, la pompe
des expressions et la chaleur du discours; ils
sont plus entraînés par le talent de l'orateur
que persuadés par l'instruction ; ils en ont re-
tenu peu de choses, parce que leur esprit a été
plus occupé d'une jouissance agréable, que de
l'attention nécessaire pour comprendre et retenir la leçon. Dans le second cas, où il s'agit
de la lecture d'une leçon écrite simplement,
mais avec clarté et précision; les élèves ne
sont pas distraits par les agrémens du style
ni entraînés par la force de l'éloquence; leur
attention n'est soutenue que par le désir de
l'instruction et par l'attrait de la science : uni-
quement occupés de la leçon qu'ils reçoivent,
ils la comprennent plus facilement et la retiennent mieux ; aussi ces leçons que le professeur lit, sont-elles plus pénibles pour les
élèves, que celles qu'il récite avec le ton de
l'éloquence.

Mais entre ces deux extrêmes il y a un mi-
lieu qui est préférable, et que je mets en
pratique pour les leçons de mes cours de minéralogie et d'élémens d'histoire naturelle.

B

C'est de lire les leçons, et d'en interrompre la lecture à chaque article pour le commenter, comme on fait un thème en deux façons. Dans ce commentaire le professeur explique mieux ses idées par différentes tournures de phrases, par de nouvelles expressions, de nouvelles explications et de nouvelles preuves. Les élèves qui n'auroient pas compris une chose à la lecture de la leçon, ceux qui se seroient mépris sur le sens de quelques phrases, se corrigent ; tous retiennent d'autant mieux cette leçon, qu'elle leur a été présentée sous un plus grand nombre de faces, et qu'ils s'en sont occupés plus long-temps.

6°. *Sur la curiosité des enfans, et sur leur amour pour le merveilleux.*

La curiosité est un désir pressant de voir et d'entendre, sur-tout dans les enfans, parce que n'aïant encore que peu d'expérience, ils n'ont vu et entendu que peu de choses. La curiosité est, non-seulement dans l'enfance, mais à tout âge, un aiguillon qui excite à acquérir de nouvelles connoissances les gens qui ont des dispositions pour les sciences, les arts et les métiers : ce désir, cet aiguillon est sujet à s'éteindre bien vîte dans les enfans ; pour peu qu'ils aient vu un objet : quand même ils n'auroient fait que l'appercevoir, l'empressement qu'ils ont de passer à un autre, leur donne une impatience qui les distrait : ils n'ont pas cette curiosité constante qui dans un âge plus avancé est une passion vive, pour approfondir quelqu'objet d'étude : un naturaliste célèbre a dit qu'il falloit commencer l'étude de l'histoire naturelle *par voir beaucoup et revoir souvent.* J'aimerois mieux dire il faut commencer par ne voir que peu de choses à la fois, et les revoir souvent. Ménagez la curiosité des enfans ; ne leur expliquez qu'à différentes fois les choses que vous leur montrerez : c'est le moyen de soutenir leur attention jusqu'à ce qu'ils aient vu ces mêmes objets assez souvent, pour en garder le souvenir et les reconnoître dans d'autres temps.

Les choses merveilleuses ne sont pas vraisemblables, elles répugnent au bon sens ; elles sont du ressort de l'imagination : la plupart des gens, sur-tout les enfans, se livrent aveuglément à l'amour du merveilleux. Les enfans ont autant de plaisir que d'empressement à entendre les contes de ma mère-l'oie, ou les histoires dont leurs bonnes les amusent sur

les revenans, les sorciers, les loups-garoux,
etc. ils prennent tous ces récits pour vrais et
s'affectent, en les écoutant, d'aversion, de
crainte, de terreur, dont l'impression leur
reste quelque-temps après que le conte est
fini. Ces ébranlemens peuvent influer sur le
caractère moral et sur le physique des enfans,
leur donner de faux préjugés et les rendre
peureux ; ainsi les professeurs peuvent leur
faire un grand bien, en leur montrant ce qu'il
y a d'absurde dans ces récits.

7°. *Sur la manière de répondre aux questions des enfans.*

Les enfans sont de grands questionneurs :
cependant il faut que le professeur leur réponde
avec douceur et d'une manière qui les satis-
fasse, parce qu'il doit s'attirer l'attachement
et la confiance de ses élèves. Les questions
leurs sont très-profitables ; elles éclaircissent
des difficultés qui les arrêteroient et leur feroient perdre le temps. Si le professeur dedai-
gnoit de répondre aux questions puériles ou
absurdes, l'enfant seroit mécontent. S'il fait
des questions ineptes et risibles ; que le professeur se garde bien de témoigner ni dédain
ni mépris : il est de son devoir de ménager

l'amour propre de son élève. Dans notre enfance nous avons pu faire de pareilles questions ; il faut y répondre sérieusement, sans donner du dégout, ni du ridicule au jeune questionneur : les professeurs doivent faire tout ce qu'il leur est possible pour rendre leurs instructions agréables aux élèves, et pour les encourager. Dans le cas où le professeur ne seroit pas en état de répondre à une question raisonnable, s'il disoit, *je ne sais pas*, comme le savant botaniste Bernard de Jussieu : l'enfant soupçonneroit son professeur de n'être pas assez instruit, parce qu'il le croit obligé de tout savoir ; il retireroit sa confiance, tandis qu'un homme raisonnable en donneroit d'autant plus au professeur, qui ne diroit, comme Jussieu, que ce qu'il sauroit.

Que fera donc le professeur lorsqu'il ne saura que répondre ? Il faudra qu'il donne à l'enfant quelques raisons, pour lui faire entendre que l'on ne peut pas répondre à sa demande.

Sur-tout, que le professeur ne se permette jamais le moindre mouvement d'impatience, aucun ton d'ironie ; ses élèves au lieu de l'aimer, le prendroient en aversion : ce seroit un grand obstacle au succès de l'enseignement. Il y auroit encore un plus grand incon-vénient ; le professeur pourroit rebuter ses élèves, affoiblir en eux le désir de s'instruire, émousser leur curiosité. Elle annonce de l'ac-tivité dans l'esprit ; c'est d'abord une pétu-lance incommode, mais on la calme peu-à-peu en s'y prêtant avec complaisance : on doit entretenir, animer la curiosité des enfans, en y répondant par degrés, avant de les satis-faire entièrement.

Dans tous les cas le professeur se dégra-deroit, s'il agissoit en pédagogue ; il doit éviter soigneusement toutes sortes de pédan-téries ; ses élèves sont ses frères ; il faut qu'il y ait un attachement réciproque entre eux : cependant il est nécessaire que le professeur ait un ton de gravité, qui maintienne le res-pect de ses élèves, et qui prévienne les in-convéniens d'une trop grande familiarité.

Plus le professeur sera instruit, mieux il répondra à ses élèves ; leurs questions seront en grand nombre, et de différentes sortes. Dès qu'ils verront une chose qui leur sera inconnue, ils voudront en savoir le nom ; ils apporteront à leur professeur, autant qu'il leur sera possible, tout ce qu'ils rencontre-ront de minéraux, pour les lui montrer et pour

en savoir les noms. En pareil cas il arrive-
roit souvent que les naturalistes les plus
exercés, demanderoient du temps. Je con-
seille aux professeurs de ne jamais répondre
précipitamment, crainte de méprise ; ils fe-
ront mieux d'attendre qu'ils aient consulté
les livres, et fait les épreuves et les obser-
vations nécessaires, pour déterminer les objets
en question.

Lorsqu'un enfant sait qu'une chose prend
successivement diverses formes et différens
états, il demande comment cela se fait. Par
exemple, s'il apprend que l'on fait des mar-
mites avec de l'argile, du pain avec du bled,
ou qu'un papillon est une chenille dépouillée
de plusieurs enveloppes ; il faudra bien que le
professeur sache que répondre, sans induire
l'enfant en erreur.

Dès-qu'un élève voit une chose extraor-
dinaire ou en entend parler, il court à son
professeur pour savoir ce que c'est. Par
exemple, s'il s'agit de pierres qui représen-
tent de jolies petites figures de végétaux ; il
ne suffiroit pas de dire que se sont des pierres
herborisées. On n'en savoit pas plus à ce
sujet il y a quelque temps ; mais à présent
on peut dire que ces herborisations n'ont de

rapport avec des herbes que par leur figure branchue, et que cette figure est formée par de petits grains de mine de fer limoneuse, qui se sont insinués dans la pierre. Il y a aussi des agates que l'on appelle mousseuses, et qui renferment réellement des mousses, et d'autres plantes, telles que le Conferve, qui a encore sa belle couleur verte.

Lorsqu'un élève verra une pierre de Florence, qui est une sorte de marbre ; il sera fort surpris d'y appercevoir des figures de clochers, de cheminées, de bâtimens ruinés et incendiés : car il paroit qu'il sort des flammes des cheminées et des décombres des bâtimens. L'élève demandera qu'elle est la cause de toutes ces figures. Le professeur ne donneroit qu'une réponse peu satisfaisante, en disant que le marbre de Florence est une pierre figurée, et que les représentations que l'on y voit, sont dues au hasard, comme on l'a toujours dit. Cependant c'est tout ce qu'il pourra répondre, s'il ne sait pas qu'à présent on peut donner de ces figures l'explication suivante, qui est vraisemblable.

Supposé qu'il se fasse des cavités dans une carrière de Schite, comme il arrive souvent ;

les feuillets, dont cette pierre est composée, restent saillans de différentes longueurs sur les parois de la cavité. Lorsqu'une eau chargée de molécules pierreuses filtre dans cette cavité, les molécules s'y déposent peu-à-peu, et la remplisent d'une substance de pierre ; la nouvelle pierre ayant une couleur différente de celle du Schite, les bouts des feuillets y paraissent comme des figures de clochers ou de cheminées, suivant qu'ils ont été cassés obliquement, en pointe, en pyramide ou terminés à l'équerre comme le haut d'une cheminée. Les apparences de flammes viennent de ce que l'eau, qui passe à travers la nouvelle pierre, la durcit et lui donne une teinte jaunâtre ou verdâtre, qui vient des matières pierreuses et ferrugineuses que l'eau a traversées avant d'arriver à la pierre de Florence. Les parties de la nouvelle pierre qui se trouvent placées sous les extrémités saillantes des feuillets du Schite, reçoivent moins d'eau, par conséquent restent blanchâtres, et ont l'apparence d'une flamme au-dessus des cheminées ; elles doivent être moins dures, parce qu'il s'y est introduit moins de molécules pierreuses, aussi ne prennent-elles presque point de poli (1).

Ces explications peuvent satisfaire non-seulement des élèves, mais des gens plus instruits, jusqu'à ce qu'on en ait trouvé de meilleures ; je les ai rapportées ici pour prouver, combien il est nécessaire, que les professeurs soient au courant de la science, afin de répondre aux questions auxquelles ils sont exposés. De bonnes réponses encouragent les élèves, et contentent les curieux qui voudroient sonder le fond de la science du professeur.

Si dans le voisinage de l'école centrale il arrive des choses que l'on ne connoisse pas, on consultera le professeur pour avoir des renseignemens. Par exemple, si un habitant de la campagne trouve, dans la terre, quelque veine de belle Pyrite, qu'il soupçonne être une mine d'or, le professeur le désa-

----

(1) Voyez le mémoire du citoyen DAUBENTON, sur les pierres figurées, et principalement sur la pierre de Florence, avec une planche gravée, page 38, N°. 1, tome 1, du Magasin Encyclopépique, ou Journal des Lettres, des Sciences et des Arts.

busera de cette erreur, et lui épargnera les frais d'un voyage, pour aller faire essayer cette prétendue mine d'or, comme j'ai vu plusieurs personnes arriver à Paris , avec le plus grand empressement, chargées de Pyrites.

DAUBENTON,

De l'Institut national, Professeur au Muséum d'Histoire naturelle.

A PARIS,

De l'Imprimerie de Du Pont, rue de l'Oratoire.

An V. — 1797.